シニアのための
インターネット教室

インターネット利用のサポートプログラム

桂　瑠以 編著
橋本和幸 著

JN064118

ムイスリ出版

はじめに

　この本を手に取っている方は、「すでにインターネットを使っているけれど、分からないこともあるので、もっとよく知りたい」という方や、「インターネットについて基礎から学びたい」と思っている方が多いと思います。あるいは、「あまり気は乗らないけれど、インターネットを使えないとまずいんじゃないか」と思って、手に取った方もいるかもしれません。インターネットは、今日、私たちの身の回りの様々なところで利用されており、生活に不可欠なものとなっています。とはいえ、インターネットを使うためのパソコン、スマホなどは、新しいものが次々と出てきますし、インターネットでできることもますます増えていて、そうした変化に対応していくのも一苦労です。また、インターネットを使うことによって、できることや便利なことも多くありますが、一方で、様々な問題が起こることもあります。インターネットを利用する際は、こうした利点や問題点をよく理解して、ルールやマナーを守って使っていく必要があります。

　この本では、シニアの方々がインターネットを利用していくことを想定して、インターネットの特徴や利用する際に気をつけることなどを、章ごとにテーマを分けて、様々な角度から取り上げています。インターネットの解説書とは違って、はじめから順に読んでいく必要はなく、気になる章から読み進めてい

ただいても理解しやすいように章を構成していますので、自分のペースで楽しみながら、インターネットについて理解を深めていただければ幸いです。

なお、本書は、科学研究費補助金（課題番号 21K02836）を受けて出版の運びとなりました。ここに、ご指導・ご協力いただきました多くの皆様方に感謝と、御礼を申し上げます。ありがとうございました。

2022 年 12 月 　　　　　　　　　　　　　桂　瑠以

目 次

CHAPTER

1

インターネットを学ぼう！

1.1　インターネットの基本

1.1.1　インターネットで広がる世界

　「インターネット」と聞くと、皆さんはどんなことを思い浮かべますか。パソコンでウェブサイトを見ること、スマホでメールや LINE をすることなどを思い浮かべたり、実際にそれらを利用している人もいるのではないでしょうか。一方、パソコンやスマホはもっていても、使い方がよく分からなかったり、「インターネットは便利そうだけれど、使いこなすのが難しいのでは？」と不安を感じている人もいるかもしれません。インターネットは、様々なことができるため、はじめからすべてを使いこなそうと思うと、確かに大変かもしれませんが、自分に必要なものを選んで、少しずつ使っていくと、使い方も徐々に分かって、うまく使えるようになっていきます。そこでこの章では、インターネットとはどのようなものか、インターネットを利用するための機器の種類、知っておくと役立つインターネット用語などについて紹介します。

　まず、インターネットとは何かを見ていきます。インターネットとは、世界中のコンピュータをつなぐ巨大なネットワーク網のことです。インターネットは、情報をやり取りするためのネットワークなので、それ自体が情報をもっているわけではありませんが、インターネットを使うことで、世界中の

人たちと情報のやり取りができるようになります。また、情報を得るだけでなく、自分から情報を発信することも容易にできます。

　インターネットは、私たちの生活の様々なところで使われています。例えば、パソコンやスマホで、ウェブサイトを見たり、電子メールや Twitter、LINE などの SNS（ソーシャル・ネットワーキング・サービス）でメッセージのやり取りをす

くらしの中のインターネット

ることもできます。また、天気予報や、電車・バスの乗り換え案内などの便利な情報も、簡単に調べることができます。さらに、インターネットで買い物ができるネットショッピングや、お金の振り込みができるオンラインバンキングも、自宅にいながら利用することができます。その他にも、外出先からスマホで自宅のエアコンやテレビ録画などの家電製品の操作ができる IoT(Internet of Things; モノのインターネット)なども普及してきています。このように、インターネットは、私たちのくらしのいろいろなところで使われていて、日々のくらしを便利に、快適にしてくれています。

1.1.2 インターネットを使う機器の種類

次に、インターネットを使うことができる主な機器を見ていきます。インターネットを使うための機器というと、パソコンやスマホがよく挙げられますが、その他にも、タブレットやテレビなどもインターネットにつなげることができます。

パソコンは、パーソナルコンピュータの略で、個人が使うコンピュータのことです。パソコンにも様々な種類があり、机などの特定の場所に設置して利用するデスクトップパソコンや、好きな場所に持ち運んで利用できるノートパソコンなどがあります。

スマホは、スマートフォンの略で、電話ができる小型のコンピュータのことです。スマホは、どちらかと言うと、電話よりパソコンに近い機器で、1.1.4 項で紹介する「アプリ」を使うことで、様々なインターネットのサービスを利用することができます。

　タブレットは、パソコンとスマホの中間くらいのサイズのものが多く、薄い板状のコンピュータです。タブレットはパソコンに比べて、バッテリーのもちがよく、起動が早いことも利点です。またスマホに比べると画面が大きいため、見やすく、操作しやすいところも魅力となっています。

　また、インターネットをテレビにつなぐこともできて、テレビの大画面でウェブサイトや動画などを見ることもできます。

　このように、インターネットにつなげる機器さえあれば、いつでも、どこからでも、インターネットを使うことができます。

1.1.3　インターネットのしくみ

　インターネットは、世界中のコンピュータをつないだネットワークですが、そのネットワークは、目には見えないものです。ここでは、インターネットのネットワークのしくみを分かりやすく説明していきます。

　まず、皆さんが持っているパソコンやスマホは、無線LANという電波を使って、ルーターという機器につながっています。無線LANは、有線ケーブルを使わずに、目に見えない電波でインターネットにつなぐしくみです。ルーターは、パソコンやスマホをインターネットに接続するための機器で、データをどこに送るかを仕分ける役割をしていて、複数のパソコンやスマホをインターネットとつなげることができます。またスマホは、無線LANだけでなく、携帯電話会社の基地局とも電波でつながっています。

　次に、ルーターは、プロバイダーというインターネットの会社のサーバーにつながっています。プロバイダーは、回線とインターネットをつなぐ接続事業者のことです。また、サーバーは、プロバイダーがもっているコンピュータで、サーバーを介してデータのやり取りをしています。

　データは、パソコンやスマホの本体に保存することもできますが、インターネット上に保存するしくみもあり、これをクラウドといいます。クラウドとは「雲」のことで、インターネットを雲にたとえて、インターネットの雲に情報を保存したり、いろいろな機器で情報を利用することができます。パソコンやスマホ本体に保存していると、万一、その機器が壊れたとき、データもなくなってしまう可能性がありますが、

クラウドに保存しておけば、パソコンやスマホが壊れても、別の機器からでもデータを取り出すことができます。

インターネットのしくみ

1.1.4　役立つ！インターネット用語

インターネットを使っていると、インターネットに関係した専門用語が多く出てきますが、よく意味が分からない言葉も多いと思います。そこでここでは、知っておくと役立つ基本的なインターネット用語を取り上げます。

Wi-Fi（ワイファイ）

Wi-Fi とは、無線 LAN を使ってインターネットに接続するしくみのことです。Wi-Fi には、パソコン、スマホはもちろん、テレビ、ゲーム機、プリンターなどの Wi-Fi に対応した機器もつなげることができます。Wi-Fi は、自宅で契約をして利用する自宅 Wi-Fi の他、街頭や公共施設などで、誰でも利用できるフリー Wi-Fi もあります。フリー Wi-Fi は、基本的に誰でも無料で利用できますが、セキュリティに問題があったり、通信速度が遅いこともあります。

アプリ（アプリケーション）

アプリは、パソコンやスマホに入れて利用するソフトウェアのことで、通話、メール、カメラ、SNS など、利用する目的に合わせた様々な種類があります。よく利用される基本的なアプリは、はじめからパソコンやスマホに入っていますが、それ以外にも使いたいアプリがある場合は、アプリストアか

ら入手することができます。アプリストアのアプリには、無料で使えるアプリや、有料のアプリ、インストールは無料でも、機能を追加したりすると料金が必要になる「アプリ内課金」のアプリなどもあるので、利用する際は、こうした点にも注意が必要です。

パケット

　インターネットでは、データを小さなまとまりに分割して、やり取りしています。このデータのまとまりのことをパケットといいます。パケットは、例えば、音声通話、画像ファイル、動画などをやり取りする際に用いられます。スマホを使っていると、「パケット通信」という言葉をよく耳にすると思いますが、これはパケットによってデータのやり取りをしているということです。

OS（オーエス）

　OS は、オペレーティングシステムの略で、パソコンなどの機器の内部で起動して、機器のシステム全体を制御したり、様々な機能を使えるように動かすしくみ（ソフトウェア）のことです。一例として、パソコンでは、Microsoft 社の Windows シリーズや Apple 社の Mac OS X などの OS が広く利用されています。また、スマホやタブレットでは、Google 社の Android OS や Apple 社の iOS などがあります。

ウェブサイト

　ウェブサイトは、ウェブページのまとまりのことで、単にサイトと言ったり、ホームページと言うこともあります。通常、ウェブサイトは複数のページから構成されており、ウェブサイト内のページ間は、相互に行き来できるようになっています。またウェブサイトの入口にあたる最初の画面のページは、トップページとよばれ、トップページを起点に、その他のページに行けるようになっています。

検索サイト

　検索サイトは、ウェブサイトのなかでも、情報を検索するためのもので、ポータルサイトとも言われます。日本でよく利用されている検索サイトとして、Google、Yahoo! JAPANなどがあります。これらの検索サイトでは、検索窓に検索したい言葉やキーワードを入力すると、その言葉に該当するページが一覧で表示されます。検索結果は、通常、検索したキーワードと関連性が高いものほど上位に表示されますが、関連商品などの広告が上位に表示されることもあり、必ずしも検索したい事柄だけが表示されるわけではないことに注意する必要があります。

ネットショッピング

　ネットショッピングは、インターネットで商品を選んで注文できる通販で、書籍や食品、電化製品、衣類など、様々なものが店舗に行かなくても購入できることが魅力です。しかも、店舗よりも安く購入できるものもあり、翌日には自宅に配達される商品もあります。大手のショッピングサイトとしては、Amazon、楽天市場などがあります。また、個人が商品を出品して、オークション形式で売買するインターネットオークションや、フリーマーケット（フリマ）形式で売買するフリマアプリなども人気を集めています。

1.1.5　まとめ

　この章では、インターネットの基本的な特徴やしくみ、よく使われるネット用語などを取り上げました。インターネットは、私たちのくらしの様々なところで利用されており、生活に不可欠なものとなっています。しかし、様々なことができることにより、かえって「自分には使いこなせないのではないか。」と不安を感じたり、そのしくみが分かりにくいという面もあります。はじめは、分からないことも多いかもしれませんが、パソコンやスマホに触れながら、少しずつ使い方を理解して、インターネットをより快適に活用してほしいと思います。

1.2　スマホの基本

1.2.1　スマホは小さなコンピュータ

　スマホは、携帯電話の一形態であるため、電話の1つと考えられていますが、通話以外にも様々なことに利用できます。例えば、家族や友人とメールや SNS で連絡をしたり、調べたい情報を検索することなども簡単に行うことができます。このように、スマホは電話というよりもパソコンに近く、小さなコンピュータといえます。

　スマホの特徴の1つとして、スマホには OS が入っていることが挙げられます。1.1 節でもふれましたが、OS とは、パソコンやスマホなどのコンピュータを動かすしくみのことで、OS によって、いろいろな操作ができるようになります。スマホの OS は、大きく2種類に分けられ、1つは、アップル社の iPhone などの製品に搭載されている「iOS」、もう1つは、Google 社の「Android」です。どちらの種類のスマホも、アプリを使ったり、電話をしたりするなどの基本的な操作はできますが、画面のデザインや操作方法が少し異なります。また、アプリを追加する場合は、それぞれ専用のアプリストアから入手するため、例えば、iPhone 用のアプリは Android では使えません。そのため、スマホを購入したり買い替えたりする際は、どちらの OS が入ったスマホかを確認しておくこ

とが必要です。

1.2.2　アプリでスマホを快適に

　スマホのアプリには、様々な種類があります。そこでここ
では、スマホでよく使われるアプリを紹介していきます。

　まず、スマホにはじめから入っているアプリとして、電話、
メール、インターネット閲覧、カメラ、写真、連絡先などが
あります。これらは標準搭載アプリとよばれ、スマホで利用
される基本的なアプリです。
　例えば、インターネット閲覧に使うアプリは「ブラウザ」
とよばれ、iPhone では「Safari（サファリ）」、Android では
「Chrome（クローム）」というアプリになります。また、メー
ルアプリとしては、携帯電話会社独自のメールアドレスを使っ
た MMS（マルチメディア・メッセージング・サービス）、電
話番号を使った SMS（ショート・メッセージ・サービス）、パ
ソコンでも使用できる PC メールなど、いろいろなメールア
プリがあります（詳しくは、1.2.5 項参照）。

　その他にも便利なアプリとして、乗り換え案内、天気予報、
地図、時計、カレンダー、コミュニケーションアプリ、ショッ

ピングアプリ、音楽アプリ、動画・テレビ視聴アプリなども
あります。これらのアプリは、標準搭載されている場合もあ
りますが、ない場合は、必要なものをアプリストアで入手し
て利用できます。

　例えば、コミュニケーションアプリの1つである「LINE」
は、相手と簡単にメッセージのやり取りができたり、スタン
プというイラストを送り合うことができます。また、最新の
ニュース、役立つ情報などを見て、共有することもできるの
で、家族や友人とのコミュニケーションにも便利です。

アプリでスマホを楽しもう

1.2.3　スマホの基本操作

　スマホは、本体全体が画面になっていて、画面を指でタッチ（タップ）して操作します。ここでは、基本的なスマホのタッチ操作を紹介します。

タップ

　タップは、画面に指で触れることで、最も基本的なスマホの操作法です。触れ方は、「トン」と軽く1度触れるだけで認識されます。また、「トントン」とタップを2回連続することを、ダブルタップといいます。ダブルタップは、文字列を選択するときなどに使われます。

長押し

　タップした状態で、指を1秒くらい画面から離さないで押し続けるのが長押しです。長押しは、アプリのアイコンを移動させるときなどに使われます。

スワイプ

　スワイプは、画面を指で上下左右になぞって動かすことです。スワイプは、写真やウェブページをめくるときなどに使われます。

ピンチイン・ピンチアウト

　画面を 2 本の指 (通常、親指と人差し指で行います) でつまむように狭めることをピンチインといいます。ピンチインすると、画面表示を縮小することができます。また、逆に 2 本の指を開くことをピンチアウトといいます。ピンチアウトは、ピンチインと逆に、画面表示を拡大することができます。

　このように、スマホの操作は、指でのタッチ操作が中心です。はじめはやりづらく感じることもあるかもしれませんが、慣れれば感覚的に操作できるようになるので、まずは基本的な操作から練習してみましょう。

基本操作をマスターしよう

1.2.4　スマホは個人情報がいっぱい

　スマホには、様々な個人情報が保存されています。例えば、登録してある連絡先や、メール、SNSの履歴をはじめ、電子マネー、写真画像など、重要な個人情報が入っています。これらの情報が他の人に知られてしまうと、悪用されたり、問題が起きることもあるので、スマホは紛失しないように日頃から気をつけましょう。また、スマホにロックをかけておき、万一紛失しても、他の人が操作することができないようにしておくことも有効です。

　スマホをなくしたときは、別のスマホからスマホを探すこともできます。また、携帯電話会社のサポートセンターに連絡して、回線を一時停止したり、補償サービスを受けることもできるので、いざというときも落ち着いて対処できるように、対処方法をあらかじめ確認しておきましょう。

1.2.5　役立つ！スマホ用語

　スマホを使う際は、スマホ特有の用語が多く出てきます。しかし、スマホに触れるときに、意味がよく分からない専門用語が並んでいると、それだけで頭が痛くなってしまうものです。そこで、ここでは、スマホを使うときに役立つスマホ用語を解説していきます。

スマホアプリ

　スマホアプリは、スマホに入れて利用するソフトのことで、単にアプリともいいます。アプリは、最初から入っている標準搭載アプリの他、アプリストアで入手することもできます。アプリを入手するためには、アカウントという会員登録が必要です。アプリを入手してスマホで使えるようにすることをインストールといいます。インストールが完了すると、スマホ画面にアプリのアイコンが表示され、アイコンをタップするとそのアプリが起動します。

ホーム画面

　ホーム画面は、始めに表示されている画面のことで、スマホの入り口となる画面でもあります。通常、よく使用するアプリのアイコンが並んで表示されており、アプリを並べ替えたり、フォルダにまとめて整理することもできます。また、

設定によって、ホーム画面の壁紙を変えたり、複数の画面にすることもできます。

アイコン

　アイコンは、画面上にある四角のデザインされたマークのことで、アイコンをタップすることで、そのアプリが起動します。アイコンのデザインは、そのアプリの機能が分かりやすいようなイラストになっています。

ウィジェット

　ウィジェットは、アプリを開くことなく、ホーム画面上に表示できるショートカット機能のことです。機種によっては、天気やニュースなどがはじめからホーム画面に設定されている場合もあります。他にも、よく使うアプリは、ウィジェットとして設定しておけば、スマホがより使いやすくなります。

ドック

　ドックは、ホーム画面の下部にある半透明の領域のことです。ドッグにはアプリアイコンを配置できて、ここにアプリアイコンを置くと、どのページからも表示されるため、アプリが起動しやすく便利です。

メール、ショート・メッセージ・サービス (SMS)

スマホでは、複数のメールを使うことができます。1つは、「スマホメール」で、これは各携帯電話会社によって提供されているものです。また、GメールやYahoo!メールなどのパソコンで使っている「PCメール」をスマホから利用することもできます。さらに、「SMS（ショート・メッセージ・サービス）」を使うと、携帯電話の番号をあて先にして、短文のやり取りをすることもできます。

SNS

SNSは、ソーシャル・ネットワーキング・サービスの略で、インターネットを通じて登録者同士が交流したり、文字や写真、動画などの受発信ができるサービスです。また、最新のニュースや、災害などに関する情報などを素早く収集することもできます。今日、よく利用されているSNSとして、LINE、Twitter、Instagram、Facebookなどがあります。

カメラ・写真

スマホには、通常、複数のカメラレンズが搭載されています。これは、用途によって異なるレンズを使って撮影するためで、それにより、高画質な写真を手軽に撮ることができます。またカメラは、外側と内側に付いていて、撮影したいものによって使い分けて利用できます。さらに、撮影した写真

は、写真アプリを利用して、アルバムとして見たり、写真を補正・編集することもできます。

1.2.6　まとめ

　この章では、スマホのしくみや、よく利用されるアプリ、スマホ用語などを取り上げました。スマホは、持ち運びもしやすく、インターネットに接続して、いろいろなことができる便利な機器ですが、スマホ用語も多く、用語を覚えたり、その操作を身につけたりするのが大変に感じるかもしれません。はじめはゆっくりでいいので、何度も繰り返していくと、次第にコツも分かってきて、自然にできるようになっていきます。なので、まずはスマホを触りながら、用語や操作を1つずつ確認して、利用したいアプリを動かしてみることからはじめてみましょう。

1.3　インターネットのルールとマナー

これまでの章でも取り上げたように、インターネットは様々なことができる便利なものですが、その一方で、使い方を誤ると、トラブルにつながったり、大きな問題が起きることもあります。そこで、この章では、インターネットを上手に利用するためのルールやマナーについて見ていきます。

1.3.1　情報を発信するときのルールとマナー

まず、インターネットで情報を発信するときに気をつけることを取り上げます。

インターネットを利用すると、世界中の人とつながることができますが、一度発信した情報は、世界中に伝わることになります。例えば、自分の名前、住所、メールアドレスなどの個人情報や顔写真を SNS に書き込むと、その情報は基本的に誰でも見ることができます。なかには、そうした情報を悪用する人や、犯罪行為を行う人もいるかもしれません。また、自分でも気がつかないうちに、写真や動画に、自宅や近所の様子などの個人情報が写ってしまい、個人情報が流出してしまうこともあるので、インターネットで情報を発信するときは、個人情報が含まれていないか、よく確認しましょう。

また、スマホの GPS 機能がオンになった状態で写真を撮影すると、その写真から撮影した場所が分かってしまう危険性

があります。そのため、スマホで写真を撮るときは、GPSや
カメラの位置情報サービスをオフにしておくと安全です。

　インターネットでは、自分のプライバシーと同様に、他の
人のプライバシーにも気をつけることが大切です。例えば、
家族や友人の写った写真をSNSなどに載せると、その人たち
のプライバシーが流出してしまうこともあります。また、他
の人が写った写真を無断でインターネットに載せることは、
肖像権の侵害にもなるので、写真を載せるときは、本人の許
可を得てから載せるようにしましょう。

　発信する内容や言葉遣いに気をつけることも大切です。特
に、文字でのやり取りでは、直接会って話すときより、気持
ちが伝わりにくかったり、言葉足らずで誤解を招いてしまう
こともあります。そのため、その情報を見て、不快に感じたり、
傷ついたりする人がいないか、適切な表現や言葉遣いか、情
報を発信する前によく見直すことが大切です。

　また、インターネット上には様々な画像や動画があふれて
いますが、それらを利用するときは、著作権に気をつける必
要があります。著作権は、著作物を所有している人がもつ権
利のことで、有名なキャラクター、芸能人の画像、イラスト

などには、基本的に著作権があります。例えば、自分の LINE
のアイコンに人気のキャラクターなどを使うことは、著作権
の侵害にあたります。ただし、著作権フリーのものであれば、
利用してもかまいません。また、音楽やテレビ番組にも著作
権があるので、気に入った音楽やテレビ番組などを録音・録
画して、無断でインターネットに載せることも著作権法違反
になります。また、文章にも著作権があり、他の人がインター
ネットで公開している文章や書籍などの一部を無断で自分の
SNS に載せたりすることは著作権法違反になるので注意しま
しょう。

情報を発信するときに気をつけること

1.3.2　情報を受信するときのルールとマナー

　次に、インターネットで情報を受信するときに気をつけることを見ていきましょう。

　インターネットは、誰でも自由に情報を発信できることが大きな魅力ですが、そのなかには、正しくない情報や個人の主観的な考え、体験などが書かれていることも多くあります。例えば、SNS の 1 つである Twitter は、最新の情報を素早く入手することができますが、それらの情報がすべて正しいわけではありません。なかには、誤った情報やデマなども含まれており、情報を受け取る側も、真偽を見分ける力が必要になります。インターネット上には多種多様な情報があり、正しい情報かどうかを判断することはとても難しいことです。

インターネットの情報がすべて正しいとは限らない

そのため、インターネットには、間違った情報や悪質な情報もあることを踏まえて、情報を鵜呑みにせず、よく吟味して、正しい情報を選び取る力を身につけることが大切です。これは、ネットリテラシーとよばれ、子どもから大人まで、インターネットを利用するすべての人が心がける必要があります。

　ウェブサイトや SNS を見ていると、画面に、自動的に広告バナーなどが表示されることがあります。これらの広告は、公式のサイトの場合もありますが、なかには、間違えてクリックしてしまうと、有害サイトや詐欺のサイトにつながってしまうものもあります。例えば、ワンクリック詐欺といって、表示されている URL を一度クリックすると、契約がなされたと表示されて、高額な料金を請求されるサイトなどがあります。また、メールを開いただけで、不当な料金を請求するような迷惑メールや、詐欺やデマの情報を流して、まわりに広めさせていくチェーンメールなどもあります。これらの不審なサイトやメールには、絶対に連絡や支払いをせずに無視して、心配な場合は、総務省電気通信消費者相談センター、消費生活センター、警察などに相談するようにしてください。

　また、これらの有害情報を遮断する方法として、フィルタリングを設定することも有効です。フィルタリングは、インターネット上の有害情報に接触しないようにする方法で、携帯電話会社が提供しているサービスや、フィルタリングのためのアプリなどもあります。フィルタリングですべての有害情報を遮断できるわけではありませんが、こうした方法を併用することで、より安全性を高めていくことが大切です。

インターネットの動画やゲーム、迷惑メールなどには、ウイルスが紛れていることもあります。それらを介して、パソコンやスマホがウイルスに感染すると、個人情報が盗まれたり、パソコンやスマホが勝手に操作されたりすることもあります。そのため、ウイルスには日頃から感染しないようにすることが大切です。ウイルスに感染しないための対策として、セキュリティソフトを利用したり、危険そうなアプリやサイトには近づかないことを心がける必要があります。

また、アプリやサイトのなかには、違法なものもあり、そうしたアプリやサイトを利用することは犯罪にあたります。例えば、違法にアップロードされたマンガや本が読めるサイトや、音楽、テレビ番組がダウンロード、視聴できるサイトなどがあります。こうした違法サイトは、削除されても、またすぐに別の新しいサイトが作られて、完全になくすことは難しい状況です。違法なアプリやサイトにアップロードするのはもちろん、それを利用することも犯罪になるので、こうしたアプリやサイトは絶対に利用しないようにしましょう。

1.3.3　ネットショッピングで気をつけること

ネットショッピングは、自宅から買い物ができる便利なサービスですが、店舗で直接商品を確認して購入しないため、トラブルが起きることもあります。そこでここでは、ネットショッピングでトラブルに遭わないために気をつける点を挙

げていきます。

　ネットショップのなかには、偽の通販サイトや悪質なショップもあります。例えば、大手のネットショップのサイトを真似た偽のサイトもあり、商品を注文して口座振り込みやクレジットカードで支払いをしても、商品が送られてこなかったり、違う商品が送られてきたりするケースがあります。また、そうしたネットショップは、連絡を取ろうとしても連絡先が不明で、返品ができない、返金がされないことも多いです。

　こうした偽サイトを見分ける方法の1つとして、他店に比べて、商品の値段が極端に安い場合や、支払い方法が複数から選択できず、口座振り込みの前払いしかないことがあるので、こうしたショップは注意する必要があります。また、正規のショップでは、商品やショップごとにレビューが記載されていることが多いので、レビューをチェックしておくことも重要です。さらに、連絡先として、ショップの住所、代表者名、電話番号、メールアドレスなどが記載されているかを確認して、これらの表示に不備がある場合は、購入を避けたほうがよいでしょう。

　また、企業のショップではなく、個人が商品を売買するサービスであるフリーマーケット（フリマ）やオークションサイトは、欲しい商品が安く購入できる反面、個人間での取引でトラブルが発生することもあるため、注意して使う必要があります。

ネットショッピングでは、クレジットカードを利用することが多くあります。クレジットカード決済は、パソコンでもスマホでも簡単にできますが、クレジットカードで決済すると、その後も、カード情報がパソコンやスマホに記録されて残っている可能性があるので、自宅のパソコンなどで自分以外の人も使う可能性がある場合は、カード情報の履歴を削除することをおすすめします。

　また、有料アプリなどを多く利用すると、1つ1つは少額でも、利用するにつれて料金がかさんでしまったり、簡単に購入できるため、無駄遣いをしてしまう危険性もあります。ネットショッピングは、このようなことにも注意して、計画的に利用しましょう。

1.3.4　スマホのルールとマナー

　これまで、インターネットのルールやマナーを取り上げてきましたが、最後に、スマホを利用するときに気をつけることを挙げていきます。

　まず、スマホを屋外や公共の場所で使用するときは、まわりの迷惑にならないように注意しましょう。特に、病院、美術館、劇場など、スマホの電源を切るように指定されている場所では、その指示に従って電源を切る必要があります。また、出かけるときは、スマホの着信音をマナーモードにしたり、電車内などの公共の場所では、通話を控えるなどの配慮

も大切です。

　また、スマホは、1つあればいろいろなことに利用できるため、つい時間を忘れて熱中してしまいがちです。特に、新しいアプリを使いはじめた時期や、家族や友だちとメールやSNSをやり取りしているときなど、知らず知らず、インターネットを長時間利用して、他のことができなくなってしまうこともあり、過度にインターネットを利用してしまう「インターネット依存」になる危険性もあります。インターネット依存を防ぐためには、1日のインターネットの利用時間を決めておくことや、インターネットを30分使ったら、いったん休憩して、それ以外の活動をするなどのルールを決めておくことも役立ちます。自分に合ったルールを決めて、インターネットも、その他の活動も、どちらも大切にしていくことで、生活がより豊かに、充実したものになるといえます。

　この他にも、スマホでメールやSNSを利用する際のルールやマナーについて、1.4節でも取り上げているので、そちらも参照してください。

1.3.5　まとめ

　この章では、インターネットで情報を受発信するときの基本的なルールやマナーなどを中心に取り上げました。インターネットのルールやマナーを理解することは、自分自身を守るためにも重要であると同時に、まわりの人に迷惑をかけないことや、誰かを傷つけないことにもつながります。インターネットを利用する際に、皆がこうしたルールやマナーを守ることで、インターネットをより安全で、快適な空間にしていくことができます。これからのインターネットの社会をよりよい社会にしていくためにも、ルールやマナーを守って、気持ちよくインターネットを使っていきましょう。

1.4　SNS のルールとマナー

1.4.1　SNS とは

　SNS は、ソーシャル・ネットワーキング・サービス（Social Networking Service）の略で、登録された利用者同士が交流できるウェブサイトの会員制サービスのことです。企業が経営する世界規模のものから、地域社会を対象に運営する限定的な規模のものまであります。

　友人同士や、同じ趣味をもつ人同士が集まったり、近隣地域の住民が集まったりという、ある程度閉ざされた世界を作ることで、密接な利用者間のコミュニケーションを可能にしています。最近では、会社や組織の広報に利用されるケースも増えてきました。

　SNS は、時間や物理的距離の制約を超えて他者とのつながりを維持することができるツールです。便利なものですが、利用するときにどのようなことに注意する必要があるのか考えてみましょう。

1.4.2　SNS でできること

　多くの SNS では、自分用のホームページをもつことができます。そこに個人のプロフィールや写真が掲載できます。また、日記（ブログ）機能、ウェブメールと同じようなメッセー

ジ機能やチャット機能、特定の仲間の間だけで情報やファイルなどをやり取りできるグループ機能などが用意されています。アプリ（1.1.4 項参照）をインストールすることにより、機能を拡張したりすることもできます。

　これらの機能を使えるのはパソコンだけではありません。携帯電話、スマホ、タブレット端末など、インターネットに接続できる様々な機器で、いつでもいろいろな場所で利用できます。

　最近では、SNS のサービスの 1 つとして、利用者同士が交流しながら遊べるソーシャルゲームも普及しています。

1.4.3　SNS の問題点

（1）概要

　SNS は、身近で便利なコミュニケーション手段ですが、次のような問題が発生しています。例えば、①アカウントの不正利用、②詐欺やウイルス感染の被害、③風評被害、④個人情報の流出、⑤他者の権利の侵害などが挙げられます。

　このうち、アカウントの不正利用と詐欺やウイルス感染の被害は、1.5 節で説明します。

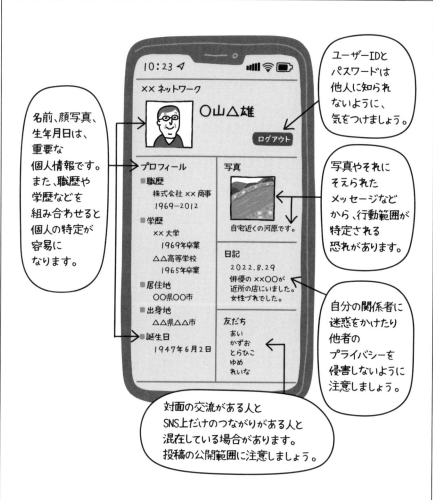

SNS利用で気をつけること

（2）風評被害

　風評被害とは、不正確であいまいな情報が個人や報道など
から広がり、関係のない人や団体が経済的・社会的被害を受

けることです。SNS は情報が拡散しやすいため、発信する前に、「本当に正しい情報なのか」「発信することで傷つく人がいないか」などをよく考えることが大切です。

　友人間のコミュニケーションを目的として SNS を利用している場合であっても、プライバシー設定が不十分であったり、友人から引用（**リプライ**）されたりすることなどにより、書き込んだ情報が思わぬ形で拡散する危険性もあります。SNS に投稿することは、インターネット上に情報が公開されることであることを忘れずに、書き込む内容には十分注意をしましょう。

（3）個人情報の流出

1）個人情報とは

　個人情報とは、それを見れば誰のことであるか特定できてしまう情報のことです。1 つの情報だけでは分からなくても、いくつかの情報を組み合わせると個人が特定できることもあります。

2）個人が特定される仕組み

①リンクされている知人から

　個人を識別できる情報を一言でも SNS に投稿すると、本人の他の投稿や、「友だち」や「フォロワー」などとして登録（**リンク**）している知人のサイトの情報を組み合わせると、投稿した人が誰かを特定することができます。

　例えば、本人と知人のサイトに挙げられていた情報から得られた「個人名」に「◇◇県」「出身校（例：○○高校、△△中学校など）、「居住地（例：○○市、××駅など）」などを組み合わせて**検索エンジン**（Google や Yahoo! JAPAN など）に入れると、個人情報が特定できる場合があります。

②写真から

　SNS は携帯電話やスマホによって撮影された写真を簡単に投稿できます。面白いものや素敵なものを見つけたときには、他の人とも共有したくてすぐに投稿するかもしれません。しかし、携帯電話やスマホによって撮影された写真には、個人を特定できる情報がたくさん含まれています。

　まず、携帯電話やスマホで撮影された写真には、緯度や経度の情報が記録されています。こうした情報を**ジオタグ**といいます。ジオタグは、携帯電話やスマホがもつ**GPS 機能**によって記録されます。さらに、写真には**撮影された日時**も記録されています。例えば、写真とともに「自宅です」など場所を特定するメッセージを添えると、簡単に自宅の場所を特定されてしまいます。

　次に、写真に写っている人物や景色・建物などの背景も、場所を特定することに利用されます。こうなると、投稿した本人だけではなく、一緒に写っていた人も個人が特定されてしまう危険があります。

（4）他者の権利の侵害

　人間の創造的活動によって作り出されたものを知的財産といいます。例えば、小説、イラスト、写真、音楽などの著作物、発明、考案、デザイン、営業上の標識などが当てはまります。そして、知的財産に関する利益を保護するための権利を**知的財産権**といいます。知的財産権には、**著作権**と**産業財産権**があり、自分が作ったものをどのように扱うかは、作者のもつ権利とされています。

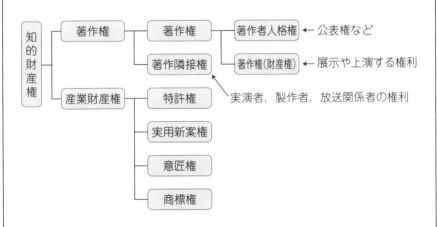

知的財産権の分類

　また、他の人の姿が写っている写真には、「写真などの肖像を、許可なく正当な理由や権限なしに他者にみだりに公開されない権利」である**肖像権**を侵害する恐れがあります。裁判の判例では、公表以前に容貌等を撮影されない自由があると指摘されています。さらに、本人が写っていなくても、住居

や所有物などが写った写真を勝手に投稿すると、**プライバシー**（私生活や個人の秘密）の侵害になります。プライバシーは文字情報だけでもプライバシーを侵害する可能性があります。例えば、その人の失敗や交友関係などのエピソードを書き込めば、個人の秘密を暴露したことになります。

　このため、他者の知的財産は、権利をもつ人の許諾なしに用いることはできません。このルールはSNSへの投稿にも適用されます。私的利用は、「個人的にまたは家庭内その他これに準ずる限られた範囲」（著作権法第30条）に制限されています。次の1.4.4項で説明するように、SNSの友だちに公開したことで不特定多数に拡散してしまう危険性があるので、注意が必要です。

1.4.4　非公開という思い込み

　SNSは公開できる範囲を設定できます。このため、個人情報や他者のプライバシー情報を、友だちしか見ていないと思って投稿することがあります。しかし、次のような理由で、公開するつもりでなかった対象にまで情報を知られてしまう危険があります。

（1）公開設定の誤り

　自分が利用しているSNSの公開対象が、「友だち」などの

特定の人たちではなく、「全体」となっていることがあります。原因は、そもそも設定し忘れていたことや、意図せず誤って操作して切り替わっていたことなどが考えられます。さらに、SNS の運営側のメンテナンスやシステム変更により、公開範囲がリセットされていることもあります。

　このため、投稿する前に公開対象がどうなっているかを必ず確認しましょう。

（2）友だちの友だちは？

　公開対象としていた友だちが、投稿内容を面白いと思って、その投稿を引用して自分の SNS で投稿することがあります。これを**リプライ**といいます。このときに、その友だちの公開対象がどうなっているかは、こちらではコントロールすることができません。このため、友だちのリプライをきっかけに情報が世界中に流出する可能性があります。

　仮に、友だちが気を遣って自分の「友だち」にだけ公開する設定にしてくれたとしても、あなたの「友だち」と友だちの「友だち」が完全に一致するわけではありません。この結果、友だちの友だちかもしれないけれど、あなたにとっては友だちではない人に情報が拡散します。その友だちの友だちがまた引用して投稿（リプライ）すると……もはやその情報がどこまで流出したか特定することは困難です。

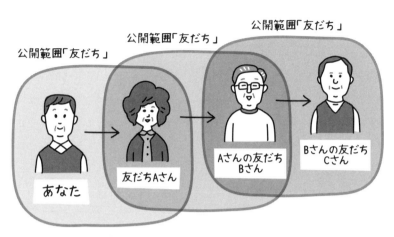

公開範囲「友だち」
公開範囲「友だち」
公開範囲「友だち」

あなた
友だちAさん
Aさんの友だち
Bさん
Bさんの友だち
Cさん

あなたにとって、BさんやCさんは
「友だち」ですか？

（3）消せない個人情報

　インターネットのサイトに一度流出した情報は、本人が考えている以上に広範囲に拡散します。コピーされてどこまでも広がっていきます。しかも、その内容は面白おかしく加工されることもあり、発信元の意図と関係なく使われる可能性があります。

　さらに、訂正をしたり削除をお願いしたりしても、それが行き渡るかどうかは分かりません。こうして、一度広がった情報は、完全には消すことができず、当事者たちが忘れたころにまた拡散するということが起こります。

投稿してしまうと…

1.4.5 まとめ

　1.4 節では、SNS のしくみと利用時に想定される問題点や、SNS 利用時のルールとマナーを説明しました。1.3 節のインターネットのルールとマナーで述べられたことと重なりますが、SNS に情報を発信するときには、その情報が自分や周囲に与える影響を十分に検討してください。

　具体的には、次の 4 点を確認してください。

① 自分の能力や知識の不足など、技術的な問題はありませんか？

② その情報は他人に知られると困りませんか？

③ 自分が（故意にせよ、うっかりミスにせよ）他の人に迷惑をかける可能性はありませんか？

④ 著作権の侵害などの法的に問題はありませんか？

1.5　インターネットトラブルの防ぎ方

1.5.1　インターネットトラブルの分類

　インターネットは、うまく使うと情報を収集したり、他の人とコミュニケーションを取ったりすることを、いつでもどこでも簡単に行うことができる便利なものです。しかし、ルールやマナーを守らないと、自分や他の人に不利益が生じることがあります。インターネットで発生するトラブルには、①インターネットの使い過ぎ、②他者からの被害、③自分が加害者になるという3種類が考えられます。

　以下の節で、トラブルの具体的な内容と防ぎ方を見ていきましょう。

1.5.2　インターネットの使い過ぎ

　インターネット使用の楽しさに引き込まれて、没頭やのめり込みと言えるくらいに使いすぎる人がいます。例えば、電子メールやSNSでやり取りをすること、オンラインゲームをやり続けること、動画共有サイトで動画を視聴すること、興味のあるウェブサイト（1.1.4項参照）を見続けることなどを、時間を忘れてやり続けてしまうようなことです。このようなインターネットの使い過ぎが引き起こす問題は次の通りです。

（1）場所や時間に関係なく、インターネットを利用する

　インターネットのことばかり気になっていると、他のことに注意が向かなくなります。この結果起きる問題として、**ながら使用**、**不適切な場所での使用**、**ひきこもり**が考えられます。

１）ながら使用

　ながら使用は、何かをしながらスマホや携帯電話などインターネットに接続できる機器を操作することです。機器を操作しながら歩行や運転をすると、周囲が見えなくなり衝突事故や自損事故（例：転落など）を起こす危険があります。また、人と食事をしたり会話をしたりしているときにながら使用をすると、目の前の人よりもインターネットを優先してしまい、マナー違反や人間関係を傷つける恐れがあります。

２）不適切な場所での使用

　インターネットに接続するために使うスマホなどの電子機器から出る電磁波は、心臓ペースメーカーに近づけすぎると悪影響を及ぼすと懸念されています。このため、病院や電車の優先席付近などでは、念のため使用を避けるべきとされています。そして、劇場、映画館、図書館など音や光が他の利用者の迷惑になる場所でも使用は避けることが望まれます。

　インターネットにのめり込んでいると、こうした場所でもおかまいなしに電子機器を使ってしまう可能性があります。

3）ひきこもり

　インターネット利用に夢中になると、長時間自室に引きこもって、日常生活に支障がでることがあります。例えば、仕事、家事、学習、趣味、運動などに時間が使えなくなります。そして、食事をとらなかったり、家族や親しい人と対面しなくなったりすることもあります。さらに、夜通しインターネットを使い続けることで、睡眠時間が不足し、朝起きられなくなることもあります。

（2）身体への悪影響

　長時間インターネット利用にのめり込むことで、睡眠や運動が不足すると、健康への悪影響が心配されます。そして、長時間電子機器の画面を眺めていると、疲れ目や視力の低下を招くことがあります。最近の小中学生の裸眼視力の低下の一因として、スマホやパソコンの長時間の使用を指摘する意見もあります。さらに、ゲームや動画の視聴は、聴力への悪影響も心配されています。

（3）お金の浪費

　インターネットのサービスには、無料のものと有料のものとがあります。無料のサービスだけを利用していると、業者から「もっと便利に使えますよ」と、有料のサービスも使う

ように勧められます。有料のサービスの１つ１つは小さな金額でも、使っているうちに積み重なって思わぬ大きな金額になってしまう可能性があります。

　また、スマホやパソコンなどインターネットに接続する電子機器を最新版にするように勧められて、まだ十分に使えるのに次々と買い替えてしまうという浪費も考えられます。

1.5.3　悪意のある他者からの被害

　インターネットで得られる情報源や交流の相手は、身近な人ばかりでなく、遠くに住む人や会ったことがない人の場合もあります。たくさんの人とのつながりがもてるメリットがある一方で、悪意のある他者が潜んでいるデメリットも考えられます。ここでは、悪意のある他者がもたらすインターネット上での被害の例を紹介します。

（１）インターネット詐欺

　インターネットを利用した詐欺には、オークション詐欺、フィッシング、ワンクリック詐欺、架空請求などが考えられます。

１）オークション詐欺

　インターネットを利用して行われるオークション（競売）

があります。出品・入札ともに個人での参加が可能で、商店での取り扱いがない掘り出し物が見つかることがあります。しかし、個人間での取引なので、代金を振り込んだのに品物が届かないなどのトラブルが発生することがあります。

　インターネットでは、身元を明かさなかったり偽ったりしてやり取りをすることが簡単にできるので、加害者は代金を受け取って逃げても捕まらないと考えています。

２）フィッシング

　ネット詐欺の手口の１つで、**いかさまのウェブサイト**にクレジットカード番号や銀行口座とそのパスワードなどを入力させます。そして、それらを使って買い物やお金を引き出します。手口は次の通りです。

① 政府や地方自治体の機関、金融機関や企業などになりすまして、電子メールで「サービスを続けるために登録内容を再入力してほしい」「請求のお知らせ」「アカウントがロックされています」「パスワードが漏えいしました」などのメッセージを送られてきます。（スパムメール）

② ①の電子メール上に**URL**（http://で始まるウェブページのアドレスのこと）が載っていてウェブサイトに誘導されます。

③ ②のウェブサイトにクレジットカード番号、銀行口座などの個人情報を入力させられてしまいます。

3）ワンクリック詐欺

　ウェブサイトや電子メールに載っている URL（アドレス）やボタンをクリック（タップ）すると、加害者が用意したウェブサイトに接続されます。そして、ウェブサイトにアクセスしたことをもって、一方的に契約を結んだことにされてしまい、多額の利用料金の支払いを要求されます。

4）架空請求

　利用した覚えのないウェブサイトの利用料金を請求する電子メール（スパムメール）が送られてきます。加害者は不特定多数の人に同様のメールを送りつけており、実際にそのウェブサイトを利用したかどうかは関係ありません。

　内容は、「ウェブサイトの利用料金を支払わなければ、法的手段を取る、自宅まで取り立てに行く」などと書かれています。このメールを受け取った人が怖くなって言われたとおりに料金を振り込むことを狙っています。加害者は架空請求のメールを複数回送りつけて恐怖を煽ります。

5）詐欺への対策

　フィッシング、ワンクリック詐欺、架空請求、スパムメールなどの被害を防ぐための最大の防御方法は、**無視すること**です。例えば、メールに記載されている URL にアクセスしたり、スパムメールに返信しないことです。URL にアクセスしたり、スパムメールに返信したりすると、「この人はだまされ

やすい人だ」と登録されて、他の詐欺メールが次々と送られ
てくる可能性があります。

URLをクリックすると…

インターネット詐欺の手口

（2）インターネットでの出会い

　ブログや SNS をやっていると、そこに公開したメールアド
レスや個人にメッセージを送る機能（例：ダイレクトメール
やチャット）を使ってアプローチしてくる人がいます。また、

顔見知りではない誰かと出会うことを目的としたサービスである出会い系サイトというものもあります。

　顔が見えない他者とのやり取りで、顔写真や居住地などの個人情報をうっかり漏らすと、第三者にその情報をさらされるケースがあります。また、やり取りを続けるなかで意気投合して会ってみると、プロフィールや本人の説明とは全く違う人物が現れてトラブルになることもあります。

　出会い系サイトのトラブルは若者の被害が注目されますが、インターネットを利用していれば誰にでも起きる可能性があります。

（3）不正アクセスによる被害

　不正アクセスとは、本来使うことができないコンピュータにアクセスする行為です。不正に入手した ID とパスワードを使います。加害者の狙いは、企業や組織のサーバや情報システムを停止させたり、クレジットカード番号や銀行口座番号などの重要情報を盗んだりすることです。インターネットは世界中とつながっているため、不正アクセスは国内ばかりでなく世界中のどこからでも行われる可能性があります。

　また、一個人のパソコンに不正アクセスして、企業や組織のコンピュータに侵入する**踏み台**にするケースがあります。これは、途中で多くのパソコンを通って不正アクセスすることで、最初に不正アクセスを始めた加害者が突き止めにくくなるからです。

（4）コンピュータウイルスによる被害

1）コンピュータウイルスとは

　コンピュータウイルスとは、電子メールやホームページ閲覧などによって、利用者が意図していないのにコンピュータに侵入する特殊なプログラムです。ボット、ランサムウェア、キーロガー、スパイウェア、トロイの木馬などを含めることもあります。最近では、**マルウェア**（"Malicious Software"「悪意のあるソフトウェア」の略称）というよび方もされています。

2）ウイルス感染の経路

　数年前まではUSBメモリやフロッピーディスクなどの記憶媒体を介して感染するタイプのウイルスがほとんどでした。最近はインターネットの普及にともない、電子メールをプレビューしただけで感染するものや、ホームページを閲覧しただけで感染するものが増えてきています。

3）感染すると何が起きるのか？

　ウイルスのなかには、何らかのメッセージや画像を表示するだけのものもありますが、ハードディスクに保管されているファイルを消去したり、コンピュータが起動できないようにしたり、パスワードなどのデータを外部に自動的に送信したりするタイプのウイルスもあります。

　そして、何よりも大きな特徴としては、「ウイルス」という名前の通り、多くのコンピュータウイルスは増殖します。例

えば、コンピュータ内のファイルに自動的に感染したり、ネットワークに接続している他のコンピュータのファイルに自動的に感染したりするなどの方法で自己増殖します。最近はコンピュータに登録されている電子メールのアドレス帳や過去の電子メールの送受信の履歴を利用して、自動的にウイルス付きの電子メールを送信するものもあります。

1.5.4　自分が加害者になるケース

（1）犯罪になる投稿

　インターネット上に投稿した内容が、犯行予告、名誉棄損、脅迫、著作権の侵害などに該当するケースがあります。
　また、友人、サークル、勤め先などでメールや SNS を使用する場合には、そこでの悪口や仲間はずれがいじめにつながる可能性があります。その場合には加害者にも被害者にもなりえます。

（2）不適切な投稿

　1.4 節でも紹介した通り、不正確であいまいな情報から個人や団体に経済的・社会的被害を与えることがあります。これを**風評被害**といいます。そして、許可なく他人のことをブログに記載したり写真を投稿したりすれば、肖像権やプライバ

シーを侵害することになります。プライバシーとは、私生活や個人の秘密のことで、他人の自宅を撮影することや「昨日○○に行ったらしいよ」程度の投稿でもプライバシーの侵害につながる恐れがあります。

（3）損害賠償請求の可能性

投稿によって他者に何らかの被害を与えれば損害賠償請求されることがあります。インターネットは、仮に名前を明かさなくても、どの端末（パソコン、スマホ、タブレット）から情報を発信したかの履歴が残ります。このため、被害者が申し出れば、誰が投稿をしたかを突き止めることも可能です。

1.5.5　トラブルの防ぎ方

インターネットトラブルに巻き込まれないために、一般利用者は次の4点を心掛けることが大切です。

（1）パスワードの管理

パスワードがわかると、ネットショッピングや銀行口座からの引き出しなどの詐欺行為や不正アクセスが可能になります。他者に知られにくいパスワードを設定することは、トラブル対策の基本であり重要な防御方法です。一般に、「英字と

数字の混在」「大文字と小文字の混在」「記号を入れる」「最低10文字以上にする」が良いパスワードの特徴とされています。他には次の方法があります。

◆ パスワードは他人に教えたり、記入した紙などを人目につくところに置いたりしないようにしましょう。

◆ パスワードは自分の誕生日や名前など、他人から推測されやすいものは避けましょう。

◆ パスワードの使い回しはやめましょう。

◆ ブラウザの自動入力にパスワードを記録しないようにしましょう。

◆ 流出が疑われる場合には速やかにパスワードを変更しましょう。

（2）不正アクセスやウイルス対策

　不正アクセスの手口は巧妙になり、コンピュータウイルスは日々新しいものが作られています。それに対抗するためには、自分が使っている電子機器の中身を常に最新の状態にしておきましょう。具体的な方法は次の通りです。

◆ 自身の機器のソフトウェアを最新の状態にしましょう。

◆ ウイルス対策ソフトを導入し、最新のものにしましょう。

◆ 不審な電子メールや信頼性の薄いウェブサイトの閲覧はやめましょう。

◆ 常にブラウザ等をアップデートしましょう。

◆ パソコン内に重要なデータを安易に保存しないようにしましょう。

（3）個人情報の流出防止

　個人情報からIDやパスワードが推測されることがあります。個人情報流出を防ぐ方法には次のようなものがあります。

◆ ホームページやSNSでの不必要なプロフィール公開は避けましょう。

◆ 電子掲示板に安易に書き込むことはやめましょう。

◆ インターネットカフェや無線LANエリアなど、不特定多数の人が集まる場所でのインターネット利用は、特に情報が盗み取られる危険性が高いので、ID・パスワードやクレジットカード番号等の入力、個人的な文章の作成等は控えましょう。

◆ 重要な情報を捨てるときには、紙はシュレッダーにかけましょう。ゴミ箱を漁って個人情報を盗む人がいます。

◆ 名前や年齢、住所、生年月日、電話番号などは、不用意に教えないようにしましょう。

（4）現実社会で恥ずかしいと思うことはやらない

　インターネットの世界は決して空想の世界ではありませ

ん。インターネットの先には人がいるということを忘れずに行動し、他人の嫌がることはやめましょう。そうすれば、加害者になる危険性が軽減します。

　また、いかがわしいメールやウェブサイトは安易に開かないようにしましょう。それだけでも不正アクセスやウイルスによる被害を受けにくくなります。

1.5.6　まとめ

　情報を扱う責任をもつことが、インターネットトラブルの防止につながります。そのための方法は4種類あります。

① **知識をもつ**：どのようなトラブルがあるのか、どうしたら防げるのかということについて知識を持ちましょう。
② **意識をもつ**：トラブルを軽視しないで、絶対にトラブルを起こさないという意識を持ちましょう。
③ **ルールを守る**：適切なインターネット使用のためのルールを自分たちで作り、きちんと守るようにしましょう。
④ **相談する**：トラブルになったり、なりそうになったりしたら、家族など信頼できる人にすぐに相談しましょう。

　インターネットは便利さや楽しみを与えてくれます。だからこそ、使用するときにはトラブルを生まないように努力する責任が生じます。

CHAPTER

2

クイズで学ぼう！

2.1 インターネットの基本

Question 1

次のうち、インターネットを利用できるものはどれでしょう?

① パソコン

② ゲーム機

③ テレビ

④ ①〜③すべて

Answer

答え　　④

《解説》

　インターネットは、私たちの身のまわりにある様々な機器につなげることができます。パソコン、スマホ、タブレット等は、インターネットを使う代表的な機器ですが、それ以外にも、ゲーム機やテレビなどもインターネットにつなげることができます。また、最近では、エアコン、洗濯機などの家電製品もインターネットにつなげて操作できるようになっており、インターネットは生活の様々なところに用いられています。

Question 2

インターネットのしくみとして、正しいものをすべて選んでください。

① パソコンやスマホは、無線 LAN という目に見えない電波でインターネットにつながっている。

② インターネット上のデータは、音声、画像、動画などの様々な形でやり取りされている。

③ 無線 LAN は、自宅だけでなく、駅や公共施設などにもある。

④ OS は、パソコンやスマホの内部で機器を動かしており、主なものに、Word や Excel などがある。

Answer

答え　　①、③

《解説》

　パソコンやスマホは無線 LAN という電波によってインターネットにつながっています。この無線 LAN は、自宅で契約して利用するだけでなく、街頭や公共施設などで、誰でも利用できるものもあります。

　また、インターネット上のデータは、パケットというデータのまとまりでやり取りされます。さらに、スマホやパソコンを動かす内部のしくみを OS といい、パソコンでは Windows、Mac OS X などが広く利用されています。Word、Excel などは、OS で動かすソフトウェアとよばれます。

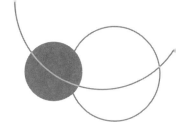

Question 3

インターネットの特徴として、間違っているものはどれでしょう?

① インターネットでは世界中の人たちとつながることができる。

② インターネットは生活のいろいろなところで使われており、家の中でも外でも使うことができる。

③ インターネットの情報はすべて正しい。

④ インターネットに流出した情報は、完全に消すことはできない。

Answer

答え　③

《解説》
　インターネットは、世界中に広がっていて、世界中の人たちとつながることができます。また、家の中だけでなく、家の外でも、スマホやパソコンでインターネットを使うことができます。ただし、インターネットの情報は正しい情報だけでなく、誤った情報やデマなども含まれているので、それが正しい情報かどうかを見極めることが必要です。また、一度インターネット上に出た情報は、完全に消すことは難しいので、情報を発信する際には、発信してよい情報か、よく確認する必要があります。

Question 4

次のうち、ウェブサイトについて、正しいものをすべて選んでください。

① ウェブサイトは、ウェブページの集まりのことである。

② 検索サイトで検索すると、情報の正確さの順に、上から順に表示される。

③ ショッピングサイトは、店舗で購入するより値段は高いが、店舗に行かずに自宅で買い物ができるメリットがある。

④ ウェブサイトは、誰でも作成して、公開することができる。

Answer

答え　　①、④

《解説》

　ウェブサイトは、インターネット上のウェブページの集まりで、サイトやホームページともよばれます。また、ウェブサイトは、企業などの団体のものだけでなく、個人で作成して、公開することもできます。

　ウェブサイトのなかでも、情報を検索するためのウェブサイトは検索サイトとよばれ、日本では Google や Yahoo! JAPAN などが広く利用されています。検索サイトで検索をすると、通常は、関連性が高いものほど上位に表示されますが、検索したい事柄以外のものが表示されることもあります。また、インターネットで商品を選んで注文できるショッピングサイトは、店舗よりも安く購入できる場合もあり、広く利用されています。

Question 5

スマホでインターネットを使う方法について、正しいものをすべて選んでください。

① スマホは、携帯電話会社の電波につながっていて、自宅の外でも利用できる。

② スマホのアプリは、すべて無料で利用できる。

③ スマホのアプリは、スマホ専用のものなので、パソコンでは利用できない。

④ スマホのアプリは、iPhone や Android など、どの機種でも同じアプリを利用できる。

Answer

答え　　①、③

《解説》

　スマホは、自宅では Wi-Fi につなげてインターネットを利用することができる他、自宅の外では携帯電話会社の電波につながり、インターネットを利用することもできます。

　スマホのアプリには、無料のもの、有料のもの、インストールは無料でも利用するなかでお金がかかるものなどがあるので、インストールする前によく確認しましょう。また、スマホのアプリは、一部を除き、基本的にはパソコンでは利用できません。これは、スマホとパソコンの OS が異なるため、スマホのアプリは、スマホ用に作られているためです。さらに、iPhone と Android では、OS が異なるため、使えるアプリも異なります。

QUestion 6

スマホの操作の仕方として、適切でな
いものはどれでしょう？

① タップ

② 右クリック

③ スワイプ

④ 長押し

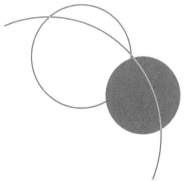

Answer

答え　　②

《解説》

　スマホは、画面に指で触れて操作します。触れ方として、タップは、画面に1度触れる操作、スワイプは、画面に指を滑らせる操作、長押しは、タップしたまま画面から指を離さずに押し続ける操作です。

　一方、右クリックは、スマホではなく、パソコンで、マウスやタッチパッドの右側を押す操作です。

Question 7

スマホのホーム画面について、適切でないものはどれでしょう？

① ホーム画面は、設定によって複数の画面にすることができる。

② ホーム画面にあるアプリのアイコンは、並べ替えたり、整理することができる。

③ ウィジェットとは、ホーム画面上のショートカット機能のことである。

④ ホーム画面のドックには、よく使うアプリが表示されているが、ドックに表示されているアプリは、変更することができない。

Answer

答え　④

《解説》

　ホーム画面は、複数画面作ることができます。また、アプリのアイコンは、並べ替えたり、整理することができます。ウィジェットは、ホーム画面に設定できるショートカットのことで、アプリを開かなくても情報を確認することができます。ドックは、ホーム画面の下部の半透明の領域で、最初からよく使うアプリが表示されていますが、表示するアプリを変更することもできます。

QuestioN 8

SNS の特徴として、あてはまるものを
1つ選んでください。

① SNS の1つである LINE は、家族やも
ともと知り合いの友人など、知ってい
る相手とだけつながるので安全である。

② SNS はスマホの電話番号をあて先にし
て短文のやり取りができる。

③ SNS には、LINE、Facebook などのいろ
いろな種類があり、サービスによって使
い方や有料・無料などの違いがある。

④ Twitter では、興味のあるアカウントを
フォローすると、最新の正しい情報が
共有される。

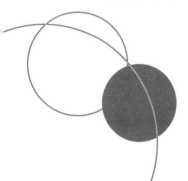

Answer

答え　③

《解説》

　LINE は、家族やもともと知っている友人・知人と簡単につながることができますが、知らない相手やグループとつながる場合もあるので、相手をよく確かめて利用しましょう。スマホの電話番号をあて先にして短文のやり取りができるのは、SMS（ショート・メッセージ・サービス）です。SNS には、LINE、Twitter、Facebook などのいろいろな種類があり、サービスによって、無料のもの、有料のもの、アプリ内の一部が有料のものなどがあるので、利用する際は注意しましょう。また、SNS の情報のなかには、正しい情報もありますが、誤った情報やデマもあります。そのため、情報の出所を確認する、複数の情報を比較検討するなどの対策をして、正しい情報かどうかを見極めることが必要です。

Question 9

次のうち、インターネットにアップしてはいけない写真はどれでしょう？

① 旅行先で家族や友人と撮った集合写真

② きれいな景色や風景のみが写った写真

③ 自宅や周辺の建物が写っている写真

④ 晩御飯の写真

Answer

答え　　①、③

《解説》
　①は、プライバシーの侵害にあたる可能性があるので、インターネットにアップロードする場合は、写っている人の許可を得てからにしましょう。③は、こうした手がかりから個人情報が特定される危険性があるので、投稿しないほうがよいです。②と④も、問題がないかをよく確認してからアップロードするようにしましょう。

Question 10

次のうち、違法なものやしてはいけないものをすべて選んでください。

① 購入した雑誌に載っていた写真が気に入ったので、スマホで、そのページの写真を撮った。

② 友人や家族と遊んだときに写真を撮り、一緒に写った写真を SNS に載せる許可を得て、SNS に投稿した。

③ 自分の好きな音楽をアップロードして、SNS に投稿した。

④ 自分で作成した音楽をアップロードして、自分のホームページに投稿した。

Answer

答え　　①、③

《解説》

　①と③は、著作権の侵害にあたります。文章、音楽、写真などは、その制作者に著作権があり、著作権者以外が使用する場合は、著作権者の許諾が必要で、勝手に使用することはできません。ただし、例外的に使用が認められている場合もありますので、権利所持者の指示に従って使用してください。

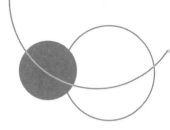
次のうち、インターネットを使う方法について、正しいものをすべて選んでください。

① 間違った情報や問題のある写真や記事を誤って投稿してしまった場合は、速やかに削除すれば、投稿は消えるので問題ない。

② スマホには、本体にセキュリティに関する設定があり、専用のセキュリティソフトもある。

③ スマホ本体やアプリなどのID、パスワードは、忘れる危険性があるため、家族と共有するなどの対策をとっておいたほうがいい。

④ 写真の位置情報から個人情報が特定される危険性があるため、位置情報はオフにしておいたほうがいい。

Answer

答え　　②、④

《解説》

　一度インターネット上に公開された情報は、すべて記録が残ります。投稿を削除してもデータが残る場合もあるので、投稿する前によく確認しましょう。

　IDやパスワードは、共有によるトラブルや漏えいの危険があるため、人に教えたり、共有したりせず、自分できちんと管理しましょう。また、パスワードは推測しやすい数字や簡単なものは避けて設定するようにしましょう。

　スマホの位置情報は、通常はオフに設定されていますが、写真を投稿する前に、位置情報の設定を確認しておきましょう。

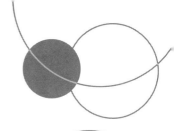

ネットショッピングについて、間違っているものを１つ選んでください。

① ネットショッピングの代金の支払い方法として、クレジットカード決済がよく使われるが、その他にも、後払い、代引き、銀行振込やコンビニ決済などの方法もある。

② ネットショップを利用する際は、安全なショップかどうか見分けるため、ショップのレビューの評価や連絡先が明記されているかなどをよく確かめて利用するとよい。

③ ネットショップでは、他のショップに比べて値段が極端に安い場合や、支払方法が前払いしかない場合などは偽サイトの可能性が高いので、注意する必要がある。

④ フリマやオークションサイトは、個人が商品を売買できるサービスであり、売り手はきちんと会員登録しているので、全て安全に利用できる。

Answer

答え　④

《解説》

　フリマやオークションサイトでは、売り手が偽の情報を登録している場合もあり、すべて安全とは言えません。ショッピングサイトを利用する際と同様に、売り手の取引実績の評価や、連絡先などを確認して利用するようにしましょう。

Question 13

次のうち、SNS に投稿するのに最も適しているものはどれでしょう？

① 立ち寄ったレストランの雰囲気がよかったので、特に断らずに店員や内観を写真に撮り、SNS に投稿した。

② 自分で描いた風景画を写真に撮り、SNS に投稿した。

③ 街中で有名人を見かけたので、写真を撮り SNS に投稿した。

④ 本屋で雑誌を見ていたら、興味のある旅行の広告が載っていたので、そのページを写真に撮り、SNS に投稿した。

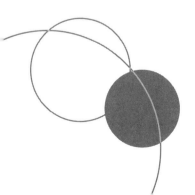

Answer

答え　②

《解説》

　①と③は肖像権の侵害にあたるので、許可を得てから撮影しましょう。また、写真の撮影が禁止されている場所では撮影しないようにしてください。

　④は、本屋では、通常、写真の撮影が禁止されており、こうした行為はマナー違反になるため、やめましょう。

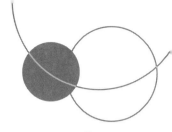

Question 14

次のうち SNS の利用方法として正しい
ものはどれでしょう？

① アマチュアの音楽家が路上で演奏して
   いる様子を録画して SNS に投稿した。

② 新聞に面白い記事が載っていたので、
   仲間に教えたくて記事を撮影して SNS
   に投稿した。

③ SNS は匿名で投稿すれば、誰が書いた
   ものか知られることはない。

④ SNS に自作の俳句を１日１回投稿した。

Answer

答え　　④

《解説》

①は、演奏者の肖像権や著作隣接権（実演）があるのと、演奏している曲の著作権がある可能性があります。

②は、新聞や雑誌の記事などには著作権があります。家族内で仕事以外の目的のために使用する場合を除くと、複製には権利者の許諾が必要になります。

③は、ウェブサイトやSNSなどの情報提供事業者、インターネットプロバイダーに発信者の情報開示請求を行うと、匿名でも誰が書き込んだものか特定されます。

④は、SNSは自分が作ったものを発表する機会の1つとして用いることができます。

Question 15

次のうち、著作物にならないものはどれでしょう?

① 趣味で撮影したペットの写真

② 自筆でノートにまとめた郷土の歴史

③ サークルでの活動を撮影した動画

④ お気に入りの店のウェブサイトの URL

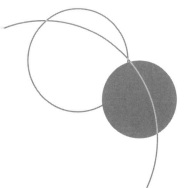

Answer

答え　　④

《解説》

　著作物とは、文芸、学術、美術、音楽などで思想や感情を創作的に表現したものと定義されます。踊り、絵画、地図・図形、建築、コンピュータプログラムなども含まれます。

次のうち、正しいものはどれでしょう？

① 自分で撮った写真なら SNS に自由に載せて良い。

② 旅先で知り合った高校生たちと写真を撮り、本人たちの了解を得て SNS に載せる。

③ SNS のパスワードは忘れる危険性があるため、ユーザ ID と同じものにしておくと安心である。

④ SNS での情報公開の範囲は、自分で設定することができる。

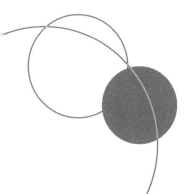

Answer

答え　　④

《解説》

　①は、写りこんでいるものに、著作権やプライバシーにかかわるものがあるかもしれません。

　②は、未成年者の許可の場合、保護者からの同意も必要です。

　③は、パスワードは他の人が推測しやすいものは避けた方が無難です。

　④は、情報公開の範囲を設定できるものもあるので、範囲を限定するなどして利用しましょう。

Question 17

次のようなメールを受信しました。この会社や契約は身に覚えがないものです。最も適切な対応はどれでしょうか？

当社のサイトにアクセスし契約をされましたが、支払いが完了していません。

〇月〇日までに、下記の金融機関に所定の金額を振り込んでください。遅れると延滞料が発生します。

振込先　〇〇銀行〇〇支店

口座番号　普通 ××××××

口座名　株式会社〇〇

金額　50 万円

連絡先　××@xyz.com

電話　〇〇〇－〇〇－〇〇〇

https://×××.×××

---

① 連絡先にメールや電話で連絡する。

② ウェブサイトにアクセスする。

③ 期日までに振り込む。

④ 無視する。

Answer

答え　④

《解説》

①は、連絡をすると詐欺に引っかかりやすい人としてリストアップされてしまい、この先も同様のメール（スパムメール）が送られてきやすくなります。

②は、クレジットカードや銀行口座の番号を入力する方向に誘導される恐れがあります。

③は、加害者の思うつぼです。

インターネット詐欺は、不特定多数にメールを送りつけて、誰か引っかかってくれればしめたもの、という考えで行われています。相手にしなければ被害に遭わずにすみます。

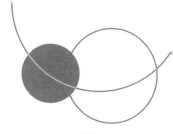

Question 18

5月14日生まれの山田太郎さんのウェブサイトのパスワードとして、最も適当なものはどれでしょう？

① 0514

② taroyamada

③ qhK6Se?h$2

④ yama514

Answer

答え　　③

《解説》

　①は、自分の誕生日です。他者から知られやすい個人情報の１つです。

　②は、利用者の名前がそのまま使われており、秘密になっていません。

　④は、氏名と誕生日の組み合わせなので知られてしまう可能性は否定できません。

　以上の理由で、本人の個人情報と併せて推測されやすいパスワードは避けた方が無難です。③のように、数字とともにアルファベットは大文字と小文字を使い分けて、記号も混ぜると分かりにくくなります。また、文字数を増やすとさらに分かりにくくなります。

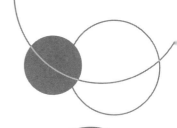

Question 19

次のうち、インターネット上に投稿するのに最も適したコメントはどれでしょう?

① 先日行ったレストランで不満に思ったことがあり、店の名前を挙げて不満や批判を書き込んだ。

② 先日、地域のイベントに参加したが、お客が少なく、盛り上がっていなかったことを書き込んだ。

③ SNSで面白いとコメントされていたドラマを見たが、自分は面白いと思わなかったので、面白いというコメントに、反論するコメントを書き込んだ。

④ 友人がSNSで新しいスマホの操作が分からないと困っていたので、操作方法の説明に励ましの言葉を添えて書き込んだ。

Answer

答え　④

《解説》

　①は業務妨害にあたることもあるので、こうしたネガティブな書き込みはしないようにしましょう。②と③は違法ではありませんが、コメントを見て不快に思う人がいるかもしれません。SNSは、いろいろな人に見られることを踏まえて、そのコメントを見た人が不快にならないかをよく考えて書き込みましょう。

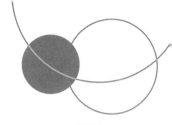

次のうちインターネットの使い方として正しいものはどれでしょう？

① インターネットは匿名での発信が可能なので、日常生活とは違う振る舞いができる。

② サークルの会報に、興味深かったウェブサイトの特集記事を全文引用した。許可は取らなかったが、出所を明記した。

③ パスワードは同じものを使い続けず、ときどき変更した方が良い。

④ ネットバンキングやネットショッピングのID やパスワードは、忘れる危険性があるため、家族と共有するなどの対策をとっておいた方が良い。

Answer

答え　　③

《解説》

　①は、名前は伏せても、インターネットに載せた他の情報から本人を特定することは可能です。日常でできないことは、しないほうが無難です。

　②は、ウェブサイトの記事には著作権があります。サークルの会報は複数の人の目に触れるものですし、許可を取りましょう。

　③は、仮にパスワードを他者に知られても、定期的に変更しておけば、勝手に使われるリスクが軽減されます。

　④は、IDやパスワードは、共有によるトラブルや漏えいの危険があるため、人に教えたり、共有したりせず、自分できちんと管理しましょう。

索 引

おわりに

　この本は、シニアの方々が、インターネットのしくみや利用する際のルール・マナーを学ぶことを想定して作成されています。インターネットに関する書籍は多数見られますが、そのほとんどは、子どもから 40、50 代までのインターネットの利用がさかんな世代を対象としたものが多く、シニアを対象とした書籍は非常に少ないという現状があります。また、シニア向けの書籍であっても、その多くは、いわゆる操作方法を説明したテキストや解説書が中心です。もちろん、基本的な操作方法を知ることは大切ですが、この本は、操作ができる「その先で」必要となること、いわば「インターネットとの末長い付き合い方」に焦点をあてている点が特徴といえます。

　インターネットは、この数十年で急速に普及しており、現在では、小学校から高等学校、さらには大学に至るまで、教育現場でも段階的に教育が行われています。しかし、現在シニアの方々は、インターネットについて学校教育等で体系的に学んだ経験がない方も多く、自分なりに独学で学んだり、まわりの人に聞きながら利用しているといった方も多いと思われます。

　そこで、この本は、シニアの方々が、インターネットをより快適に、安全に使う力を身につけられることを目指して制作し

おわりに

ました。第1章では、インターネットの基本的なしくみや特徴、利用するうえでのルールやマナーなどを説明しています。その際、専門用語は極力使わず、必要な用語を解説する場合には、できるだけ分かりやすく説明することを心がけました。また、第2章では、第1章で学んだ内容をクイズ形式で考えていくことで、身につけた知識を様々な場面で活用できるように工夫しています。このように、学んだことを活用しながら、実生活に役立てていくことが何より大切なことと考えています。

　インターネットは、今後も変化・発展し、新たなサービスやツールも次々に登場することが予想されます。そうしたなかでは、変化に対応しつつ、自ら主体的に学び続けることが必要となります。この本を読んで、インターネットの理解を進め、さらに今後も、インターネットを活用しながら、学びを継続していただけることを願っています。

　2023年1月　　　　　　　　　　　　　　　桂　瑠以

編著者略歴

桂　瑠以（かつら　るい）

お茶の水女子大学大学院人間文化研究科博士後期課程修了。博士（人文科学）

川村学園女子大学文学部心理学科教授

専門は、社会心理学、教育工学、教育心理学

　第1.1節、第1.2節、第1.3節、第2.1節、第2.2節、第2.3節 担当

著者略歴

橋本　和幸（はしもと　かずゆき）

東京学芸大学大学院連合学校教育学研究科修了。博士（教育学）、臨床心理士、公認心理師

了徳寺大学教養部教授

専門は、臨床心理学、教育心理学

　第1.4節、第1.5節、第2.4節、第2.5節 担当

2023 年 1 月 26 日　　　　　　　　　初版　第 1 刷発行

シニアのためのインターネット教室

インターネット利用のサポートプログラム

編著者　桂　瑠以　©2023
著　者　橋本和幸
発行者　橋本豪夫
発行所　ムイスリ出版株式会社

〒169-0075
東京都新宿区高田馬場 4-2-9
Tel.03-3362-9241(代表)　Fax.03-3362-9145
振替 00110-2-102907

表紙イラスト：コダシマ アコ　　　　ISBN978-4-89641-316-8　C3055
本文イラスト：コダシマ アコ、ほか